JN188140

きみと かんがえる 森 1

森って、どんなところ？

編・監修 齋藤暖生
絵 中島陽子

岩崎書店

もくじ

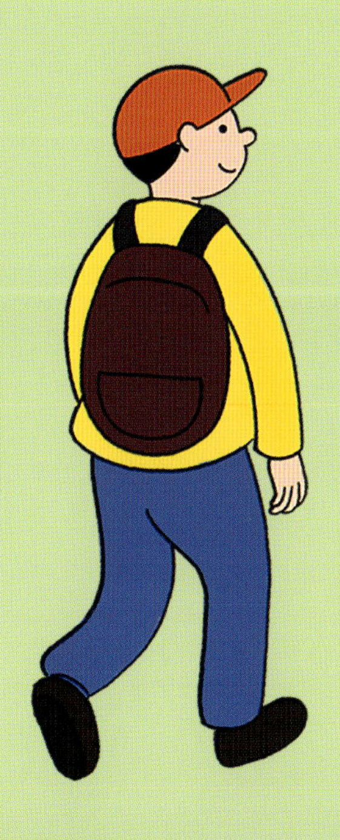

きみがかんがえる森って、どんなところ？

きのこの森！
おばけの森？

森の絵をかいてごらん、といわれたら、
きみならどんな森を思いうかべるだろう?
テレビでみたことのある森、絵本にえがかれていた森、
もしかしたら、きみが歩いたことのあるじっさいの森……。
でも、ほんとうのところ、森っていったい、どんなところなんだろう?

ジャングル?
きみの森はどれ?
てんぐの森!

草は原っぱ、木は森をつくる

ススキやオギ、アシ（ヨシ）といった、
きみの背たけをこえるくらいの草が生いしげっていても、
そこを「森」とはいわない。そうした場所は、「草原（原っぱ）」だ。
草ではなくて、木が生えている場所――それが「森」だ。
それなら、草と木はいったいどうちがうのだろう?

これは

草原

草原は、草ばかり
生えている場所のことだ。

かんがえるヒント

草と木は、どうちがう?

低い木もあるけれど、草はたいていの木のように大きくは育たない。草は、タネや根・地下茎などから地上に新しい茎や葉をのばしては1年から数年で枯れるので、木とちがってなん十年なん百年も幹や枝がのびて育ちつづけることはない。ではどうして、木は草よりも大きく育ちつづけることができるのだろう?

これは

森

森は、木がたくさん
生えている場所のことだ。

草の茎の断面

バナナ

1年で枯れる草は、茎の中が空洞だったり、スポンジみたいだったりする。数年育ちつづける草には、バナナなどまん中から新しい葉が成長して5メートル以上まで育つ草もあるけれど、葉の柄でからだを支えるのはたいへんだ。

木の幹の断面

ヒノキ

木は毎年、樹皮のすぐ内側で成長してからだをつくり、1年の成長が年輪となっていく。内側の年輪の細胞は、中心からしだいに死んでかたい木材となり、からだをしっかりと支えるので、数十メートルの大木に育つことができる。

森は、木が集まって生えているところ

これは森？

これは

竹林

竹は背が高くて木みたいだけれど、
幹が空洞で20年くらい生きる。
草ではなく、木の仲間とされたり、
木でも草でもない
植物とされたりする。

これは森？

これは

海藻の森

海の中のコンブがたくさん
生えているところを
「コンブの森」というけれど、
コンブは海藻で木じゃないから、
陸の森とはちがう。

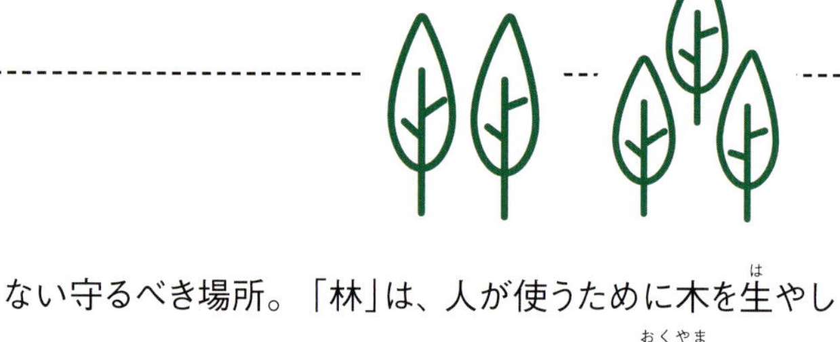
林？
森？

かんがえるヒント

森と林と森林は、どうちがう？

木という字がふたつだと林、3つだと森だから、森のほうが木がたくさん生えている……と思うかもしれないけれど、そういうわけでもない。「森」は「盛り」「籠り」といった意味から、「林」は「生やす」という意味から生まれたともいわれる。「森」は、木々が盛り上がるほどに、こんもりと生いしげって包み囲まれ、神さまがやってくるかもしれない守るべき場所。「林」は、人が使うために木を生やした場所と、むかしは使いわけていたようだ。奥山＝森、里山＝林といったところだろうか（▶42ページ）。いまは、学術的な専門用語には「〜林」を使い、「〜の森」というときは文化的な使われ方が多いぐらいで、木々がたくさん生えている場所という意味では区別なく使われている。

森へいくと、いろんな植物が集まって生(は)えている。
大きな植物が集まって生(は)えている場所は、どれも森だろうか?
足もとに草しか生(は)えていなければ草原だってことがすぐにわかる。
背(せ)が高くても、草だけしか生(は)えていない場所も草原で森じゃない。
それなら背(せ)たけより低い木や、竹が生(は)えている場所はどうだろう?
水の中で森みたいに海藻(かいそう)が生(は)えている場所は、どうだろう?

これは
高山の低木

風が強く寒さのきびしい
高山に生(は)えるハイマツは、
背(せ)が低くても木だから、
集まって生(は)えていれば森だ。
山のさらに高い場所には、
木が生(は)えないので森がない。

これは森?

これは森!
高木林(こうぼくりん)

毎年成長した分の年輪(ねんりん)ができて、
中が木材としてかたくなり、
なん百年と生きる高い木が
集まって生(は)えている。

木が数本だけ生(は)えていても、「森」とはいわない。
「森」は、たくさんの木が集まって生(は)えている場所だ。

世界には、いろんな森がある

12～13ページの
地図と
あわせてみよう！

温帯林
ほどよくあたたかい地域に広がる森で、
針広混交林や落葉広葉樹林、
常緑広葉樹林、マツ林など、
いろんなタイプの森がある。
北方林
ユーラシア大陸と
北アメリカ大陸の北に広がる
針葉樹を中心とした大きな森。
マングローブ林
サバンナの森
乾期と雨期がある
熱帯の草原地帯（サバンナ）には、
まばらに木の生えた疎林がある。
国連の食糧農業機構（FAO）の森の定義では、
サバンナの疎林も森だ。

熱帯林

赤道を中心に年平均気温が20℃以上の
1年中あたたかい熱帯地域の森。
さまざまな種類の木々が密に生え、
数多くのいろいろな生きものがくらす多様性の高い森。

熱帯や亜熱帯の海辺や河口など
潮の満ち引きのある場所に生える
タコの足や板のような根をもつ
ヒルギ科などの木々の森。

きみが知っている森は、どんな森だろう?
日本では、里山の雑木林か、
スギやヒノキの森か、あるいはナラやカシなどの
森を思いうかべるかもしれない。
でも、世界をみわたすと、
いろんな種類の樹木からなる森があって、
それぞれに個性的なたたずまいをしている。
「森」にも、いろんな顔がある。

日本の森林法では…

木や竹が集団で生えている土地

国連のFAOの定義では…

5メートル以上の木の樹冠の面積が土地の面積の10パーセント以上で、0.5ヘクタール以上の広さ

京都議定書の定義では…

高さ5メートル以上、幅20メートル以上樹冠が30パーセント以上おおわれていて、0.3ヘクタール以上の広さ

かんがえるヒント

どれくらい木が集まったら森になる?

日本の森林法では、「木竹が集団して生育している土地及びその土地の上にある立木竹」並びに「木竹の集団的な生育に供される土地」が森とされている(第2条)。国連の食糧農業機構(FAO)の定義では、樹高5メートル以上の樹木の樹冠(►30ページ)の面積割合が10パーセント以上で、面積が0.5ヘクタールを超える天然林または人工林で、他の土地利用が優先しないところが森だ。また、温室効果ガスをへらすための国際的な約束事を決めた「京都議定書」によると、日本が設定した森林の定義は、最小面積が0.3ヘクタールで、最低樹高が5メートル、樹冠のおおう率が最小30パーセント、森林幅が最小20メートルとなる。どれくらい木が集まったら森とよぶかは、国によってかんがえ方がいろいろだ。

ヘクタールは、1万平方メートル(たとえば、100メートル×100メートル)の広さ

なぜ、いろんな森があるのだろう？

北方林　温帯林　熱帯林・亜熱帯林
氷や砂漠など

熱帯林と亜熱帯林の面積をあわせると
世界の森全体の半分以上になる。

※この地図は丸い地球をひきのばしてみせているので、
北極や南極に近づくほど面積が広くあらわされている。
そのため、北方林はじっさいより広くみえている。

北極
寒い

ほどよくあたたかい
温帯林

ヨーロッパ

北アメリカ

世界の森の面積は、
およそ40億ヘクタール
（陸地面積の30パーセント）だ

アフリカ

赤道
暑い

1年を通して暑い
熱帯林

雨が少ない
サバンナの森

南アメリカ

世界には、
ものすごく寒い北極と南極から寒冷地帯、温暖な地、乾燥した砂漠、
1年を通して暑い赤道の近くの熱帯など、さまざまな気候帯がある。
その気候帯のちがいによって、そこに生える木の種類も変わるので、
北方林、温帯林、熱帯林などちがった森ができる。つまり、
いろんな森があるのは、地球にいろんな気候があるからだ。

寒い
南極

世界に、いろんな森があるのは、なぜだろう?
地図をみながらかんがえてみよう。

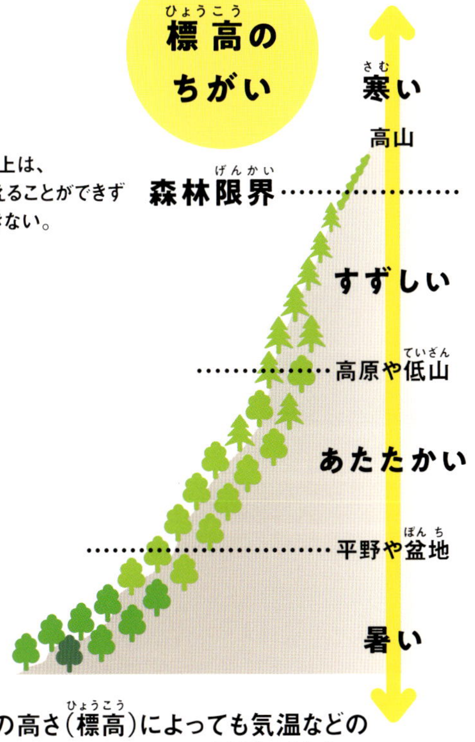

標高のちがい

寒い
高山
ここより上は、木が生えることができず森ができない。
森林限界
すずしい
高原や低山
あたたかい
平野や盆地
暑い

海面からの高さ(標高)によっても気温などの環境が変わるので、森の木の種類が変化する。

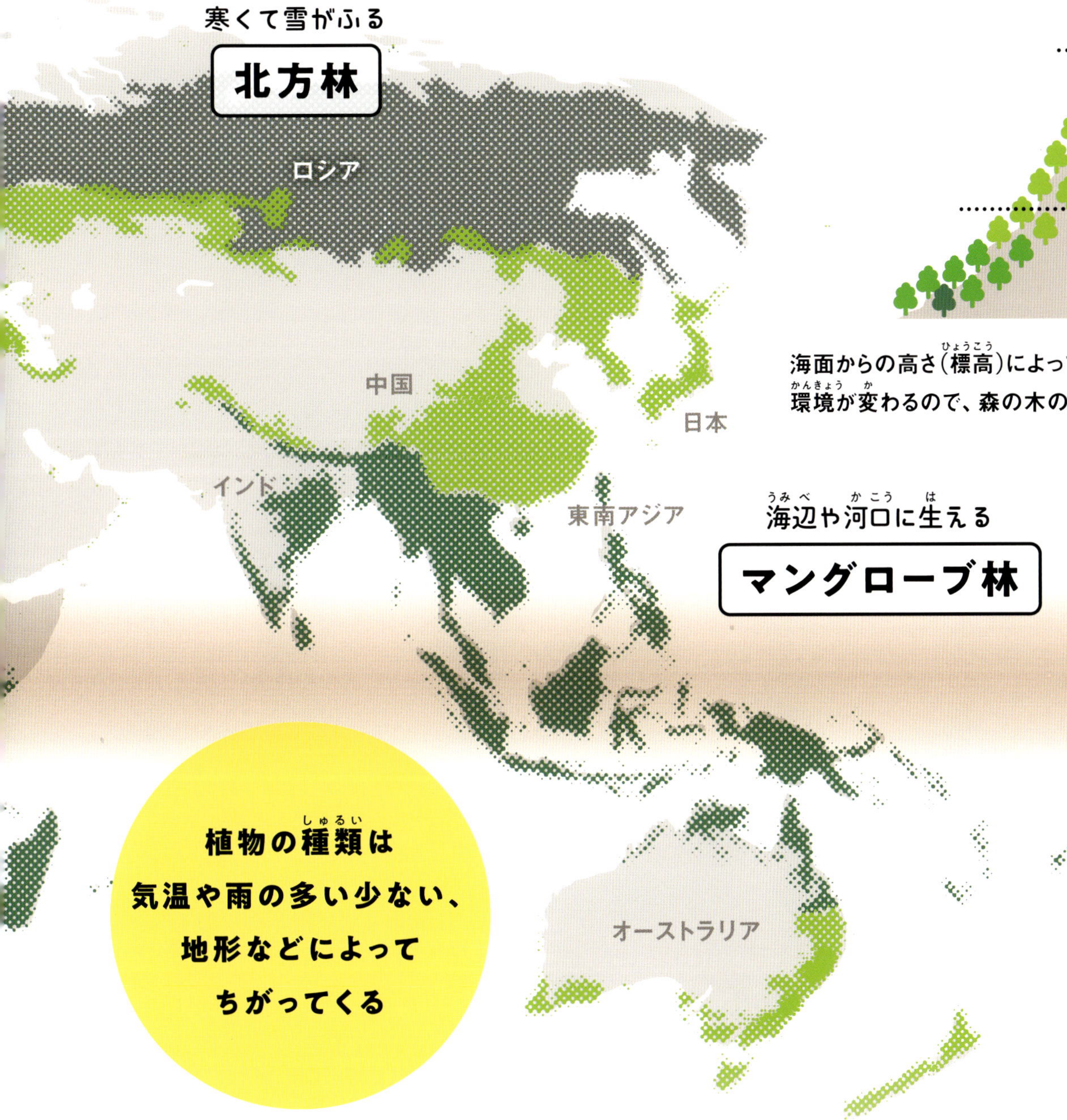

寒くて雪がふる
北方林

ロシア
中国
日本
インド
東南アジア
オーストラリア

海辺や河口に生える
マングローブ林

植物の種類は
気温や雨の多い少ない、
地形などによって
ちがってくる

かんがえるヒント

いろんな森にいろんな生きもの

地球は、太陽の強い光が真上からあたって1年中暑い赤道から、光がななめにさす北極や南極に向かうほど寒くなる。また、陸には低い土地から数千メートルの高さの山まで、いろんな標高があり、川や湿地、湖や海辺などの湿った場所や、砂漠といった乾燥した土地などさまざまな地形がある。こうした気候帯や地形のちがいで生まれるいろんな環境が、たくさんの多様な植物や動物を生みだしてきた。だから世界にはいろんな森があって、いろんな生きものがくらしている。なかでも熱帯の森には、地球の生きものの50〜80パーセントがくらしているといわれる。

シダの森、きのこの森、花の森

およそ138億年前
ビッグバン
（宇宙のはじまり）

およそ46億年前
地球の誕生

およそ38億年前
生命が誕生

光合成ができる
緑藻が登場して
植物が誕生

藻類が陸に進出して
原始的な
陸上植物が登場
コケなど

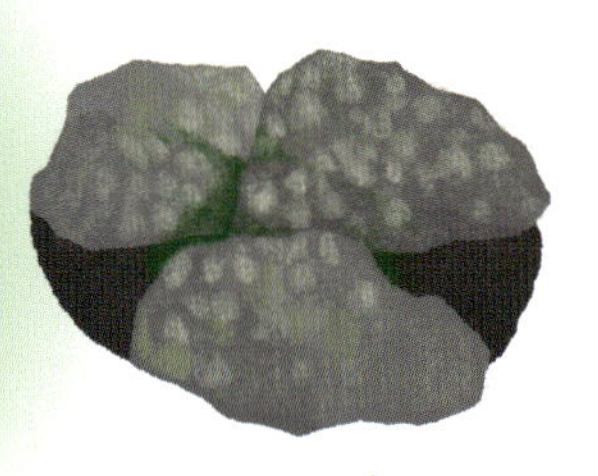

維管束でからだを支えて
植物が立ち上がった！
維管束は、道管など
水や養分をからだに送る
管のこと。

からだが木材でできた
木生シダなどが
登場したことが、森のはじまり。
シダ植物など

森が生まれた！

恐竜の時代
シダの森

土が生まれた！

砂や粘土と生きものの死がいが
分解してまざったものが土。

石炭紀

木材を分解するきのこが登場する前の時代に
広大な森をつくった木生シダの枯れ木が
数万年の時をかけて積み重なり、
地中で炭素のかたまりになったものが石炭。

日本に生えている木の種類の数は、1200種といわれている。
世界をみわたすと、なんと6万種もの木があって、それらたくさんの種類の木々が地球のうえに、さまざまな森をつくっている。
きっと、きみも「生物多様性」という言葉を聞いたことがあるだろう。
たくさんのいろんな種類の生きものがいることをあらわす言葉だ。
数億年という長い時間のなかで、
地球の地形や気候が変化し、多様な生きものが進化してきた。
では、世界の森は、どのように進化してきたのだろうか?

人類の登場

被子植物

ドングリの木 カエデなど

広葉樹が登場

いまの森

裸子植物

ソテツ・イチョウ・マツなど

針葉樹が登場

花をさかせ、タネをつくる植物が登場。動物や菌類とともに進化しながら多様な植物が生まれる。

木材腐朽菌(きのこ)

きのこの森

きのこが登場

木材を分解できるきのこが登場することで、枯れ木が土にかえるようになった。

土がどんどんふえた!

生きものは、
「単純なからだから複雑なからだへ」
「一様な種類から、多様な種類へ」
と進化してきた。
だから、森をつくっている植物の種類によって、森にも、いろんな種類がある。

自然にできた森、人がつくった森

これは

人工の森

人が木を植えてつくった森のこと。
これまでは、スギだけ、ヒノキだけといった
ひとつの種類だけを畑のように育てた
森が多かった。近ごろは、
針葉樹と広葉樹がまざって生える
針広混交林もふやそうとしている。

針葉樹を植えた人工林

きみは、みんなおなじような顔をした木だけでできている森をみたことがあるだろうか？　たとえば、日本の各地にみることができるスギやヒノキなどの森だ。これらの森は、人が木を植えてつくった森で「人工林」とよばれる。おなじ時期におなじ種類の木の苗を畑のようにおなじような間隔で植えるので、どれもみんなおなじような顔をした森になる。それにくらべて、自然のままに育った天然の森は、さまざまな木の種類でできているから、こんな顔をしている。

これは

天然の森

自然のままに育った森のこと。現代では人の手が入っていない森はほとんどないので、いちど人が伐ったあとに自然に育った森がふつうだ。

アマゾンの熱帯雨林

かんがえるヒント

ちがいがわかったら、近くの山にでかけて森をみてみよう!

左ページは人が針葉樹を植えた人工林で、右ページはタネから芽生えたさまざまな木が自然のままに育った天然の森だ。スギの人工林は、人が育てたおなじ年齢の苗を植えるので、畑の作物のようにおなじ顔をしたスギがほぼおなじ間隔でならんでいる。天然林は、葉の色や木の形がちがう、いろんな樹種の若い木から老木までがさまざまにまざりあって育っているようすがわかるだろう。きみも、近くの山にでかけたときに、そこに育っている森が、人工林なのか、自然に近い森なのか、みきわめてみよう!

日本には、どこにどんな森ができた？

きみがくらしている日本には、どんな森があるのだろう？
日本列島は北から南まで細長く、亜寒帯から温帯、
そして亜熱帯までの気候帯にある。だから植物の種類は、
おなじ温帯で島国のイギリスよりも3倍も多い。
森も、北は北海道のエゾマツやトドマツ、ミズナラなどの森から、
南は沖縄のイタジイなどの常緑広葉樹の森やマングローブの森まで、
さまざまな森が、まだらにまざりながら生育している。

40°

この地図では、自然にできる森の顔となるおもな木だけを紹介している。
じっさいには、もっといろんな森や、人工林がまだらにまざっている。

★ 世界自然遺産　● いまも残る代表的な天然林
● 高山帯・亜高山帯　● 針広混交林　● 落葉広葉樹林
● 常緑広葉樹（照葉樹）林

沖縄

常緑広葉樹（照葉樹）林

（►27ページ）

イタジイ、イスノキ、
オキナワウラジロガシ など

マングローブ林

（►26ページ）

メヒルギ、オヒルギ、
ヤエヤマヒルギ など

★奄美大島、徳之島、
沖縄島北部及び
西表島

沖縄
やんばるの森

↑
西表島

35°
宮崎 綾の森
★屋久島 スギ原生林
30°

北緯 25°

北緯
25°

30°　35°

沖縄　奄美　屋久島　九州　四国（中国）

針広混交林

(▸20-21ページ)

エゾマツ、トドマツ、ミズナラ、ハルニレ、オヒョウ など

常緑針葉樹

針葉樹は、針みたいにとがった葉をつける木。

エゾマツ

亜高山帯
コケモモ、シラビソなど

シラビソ

高山帯
草原とハイマツ

ハイマツ

★知床
針広混交の天然林

45°

青森 ヒバ天然林
★白神山地 ブナ原生林
秋田 スギ天然林

落葉広葉樹林

(▸22-23ページ)

ブナ、ミズナラ など

落葉広葉樹

広葉樹は、平たく広い面のある葉をつける木で、落葉樹は秋から冬にかけて葉を落とす木。

ミズナラ

富士山

木曽 ヒノキ天然林

常緑広葉樹(照葉樹)林

(▸24-25ページ)

シラカシ、スダジイ、タブノキ、ヤブツバキ など

常緑広葉樹

常緑樹は1年中緑の葉をつけている木。

スダジイ

★小笠原諸島
島に固有の高木林

富士山

標高
40°
45°
4000m
3000
2000
1000
0

(中部) 本州 (東北)
北海道

13ページの標高のちがいもみてみよう!

北の大地の針葉樹と広葉樹の森

北の森からみていこう！
北海道は日本のいちばん北にあって、
地平線を見わたせる広大な大地が広がる土地だ。
冷温帯から亜寒帯にあって、1年のうち夏が短く、
涼しい季節が長くつづき、冬は気温が氷点下になる。
こうした地域では、寒さに強い木々が森をつくっている。
エゾマツやトドマツなどの常緑針葉樹や
ミズナラ、オヒョウなどの落葉広葉樹がまざった森が、
広大な平野や山地に広がっている。

北海道の針広混交林
針葉樹（写真の暗い緑色の木）と、広葉樹（明るい緑色の木）とがまざって生える天然の森が広がっている。

かんがえるヒント

寒い地域に常緑の針葉樹が多いのは、なぜ？

「針葉」か「広葉」か、「常緑」か「落葉」かは、葉をつくるための材料の量と、冬も葉をつけつづける体力と、葉が光合成でつくりだす生産物（からだをつくったり、生きるのに必要な養分）のバランスで決まる。寒い地方では、からだから水が逃げにくい針のような葉にして、数年間光合成をつづけるとむだがない。あたたかい地方では、材料が少なくてすむ薄い葉をつくって春夏に集中的に光合成をしてたくさんの生産物をつくり、秋に葉を落とすとむだがないというわけだ。さらに暑い地方では、しっかりとした厚手の葉をつくり数年間仕事をさせる常緑広葉樹が多くなる。それぞれの地域には、その気候や環境にあった種類の木が生きている。

ミズナラ
トドマツ
カラマツ

北海道の秋は、針葉樹ではめずらしく落葉するカラマツの森の黄葉がひときわめだつ。でも、カラマツはもともと北海道にはない木で、明治時代に開拓が進められる中で植林された人工林だ。

針広混交林の林の中のようす（東京大学北海道演習林）

東北と奥山の落葉広葉樹の森

夏
秋

東北のブナ林

青森県と秋田県にまたがる白神山地や山形県の小国町などに天然のブナ林が広がっている。

小国町のブナ林。
夏に青々としげっていた森も、秋には黄葉し(右の写真)、葉を落とす。

中央に奥羽山脈が背骨のように走る東北地方は冷温帯にあって、
深い山脈におもに落葉広葉樹の奥深い森がしげっている。
北のほうにあって、高い山も多いから、やっぱり寒さに強い木々が、
それぞれ自分が育つのにあった環境で森をつくっている。
ブナの森や青森のヒバ、秋田のスギの森などだ。
北と南、太平洋側と日本海側では、おなじブナでも
葉っぱの大きさがちがってくるのがおもしろい!

ブナ

ブナのドングリ

奥山のブナの木（関東近郊）。ブナの木は、力強い幹で明るい森をつくる。日本の森の代表的な木のひとつ。

実をつけたブナの枝（中部地方）。ブナの実は7〜8年ごとに豊かに実る年と、ほとんど実らない不作の年をくり返す。コナラやブナの実りが少ない年は、山にすむクマが里におりてきて、人の食べものをさがす。

ブナの北限と葉の大きさのちがい

黄色のところが、ブナが育つ森

札幌

函館

北限

西南日本

北海道西南部

九州

東北

中部

ブナの森は、函館と札幌のまん中ぐらいが北で育つことができる場所の限界（北限）だったけれど、地球温暖化の影響で、さらに育つ場所が北に広がりそうだ。ブナは、南にいくほど高い山に生え、葉が小さくなる。

ミズナラのドングリ

コナラのドングリ

かんがえるヒント

ブナ科の木たちのこと

身近にあるドングリを実らせる木の仲間が、ブナ科の木だ。ブナ科には、ミズナラやコナラなど落葉する種類と、シイやカシなど常緑の種類がある。北海道から東北にかけてはミズナラが多く、南に行くにしたがってコナラなどがふえ、シイやカシなどの常緑のブナ科が重なりながら、さらに南のほうではシイやカシが多くなっていく。（►25ページの地図）

西の方の温暖な照葉樹の森

西の方に目を向けてみよう。
日本の西南にある地域は、暖温帯という気候帯にあって、
冬でも温暖で雨の量が多いので、大むかしは
シイやカシなどの常緑広葉樹（照葉樹）が大きな森を
つくっていたとかんがえられている。やがて、
人の歴史とともに田畑が開かれたり、建材や薪・炭に
使うための落葉広葉樹の森におきかえられてきたけれど、
薪や炭を使わなくなったいまでは、
またシイやカシの森がふえてきているようだ。

常緑広葉樹（照葉樹）の森

西南日本では、1年を通して葉を落とさない常緑広葉樹の森が、まるでブロッコリーのようにモコモコと山をおおっている。写真は伊豆半島の森。

イチイガシ

シラカシ

かんがえるヒント

シイやカシなど常緑のドングリの木のこと

常緑広葉樹の森のことを照葉樹林ともいう。照りのある濃い緑色をした厚い葉をもつからだ。なかでもブナ科のシイやカシは日本の照葉樹林を代表する木だ。照葉樹林は西南日本からヒマラヤまでの雨の多い亜熱帯から温帯にかけて広がっていて、この森を利用してきた人たちの文化には国を越えて、納豆などのダイズ発酵食やお餅をつくって食べたり、ウルシを利用したりするなど共通したところがある。

ミズナラ、カシワ
ミズナラ、コナラ
シイ、カシ、コナラ、クヌギ
シイ、カシ
マテバシイ
スダジイ

日本列島の冷温帯の代表的な広葉樹が薄くて明るい葉を夏につけ、冬に葉を落とすブナやコナラだとすると、西南地方の温帯・亜熱帯を代表する広葉樹が、1年中、厚ぼったい濃い緑色の葉をつけているシイやカシなどの木だ。写真はスダジイの木。

宮崎県の照葉樹の森の中

北の落葉広葉樹、南の常緑広葉樹

寒いところが好きなミズナラ、カシワ、
本州から九州まで広がるコナラ、
北関東から南に広がる
シイ、カシと、
森のメンバーは
少しずつ
変わる。

南の島のマングローブ林とやんばるの森

九州地方からさらに南には、琉球弧とよばれる
日本の最南端に位置するたくさんの島々がつらなっている。
鹿児島県から沖縄県にかけてのこれらの列島には、
それぞれの島にしかいない固有の生きものたちがくらしている。
なかでも世界遺産に登録された奄美大島、沖縄島、
徳之島、西表島などには、亜熱帯ならではの
さまざまな木々にいろどられた深い森が広がり、
その島で進化した生きものたちがくらしている。

マングローブ林(ヒルギ林)

マングローブ林は、沖縄諸島でおよそ85カ所、日本全体では770ヘクタールほどが広がっている。写真は、慶佐次川のマングローブ林。

10~11ページも
あわせて
みてみよう!

オヒルギの花

沖縄には、オヒルギ、メヒルギ、ヤエヤマヒルギといったヒルギ科の木々がマングローブ林をつくっている。

かんがえるヒント

多様で豊かな熱帯・亜熱帯の森

1年中気温が高い熱帯・亜熱帯の森は、木の成長も早くさまざまな種類の木がひしめきあって生えている。木の多様さに支えられて、さまざまな動物たちもくらしている。日本の琉球列島では、島という閉じられた場所で進化してきた、そこにしかいない動物たちが生息している。たとえば、西表島のイリオモテヤマネコや、沖縄のヤンバルクイナ、ノグチゲラなどだ。

やんばるの森
沖縄島の北部に広がる原生林で、林業などの開発も行なわれてきたが、2021年に世界自然遺産に登録され、これからどう守っていくかが問われている。
やんばるの森
慶佐次川のマングローブ林
沖縄島
イタジイ
木生シダの幹
やんばるの森には、木生シダのヘゴの木などがまざった常緑広葉樹（照葉樹）の森が広がっている。
ヘゴの木
オキナワイシカワガエル
南の島々には、絶滅危惧種をはじめ貴重な生きものがたくさんすんでいる！
ヤンバルクイナ
ヤンバルテナガコガネ
ノグチゲラ
イリオモテヤマネコ

森が生まれるとき

岩や石の上にコケや地衣類が生える

土が
生まれた!

コケや地衣類の死がいを
菌類やバクテリアが分解して
土ができる。そこに草や低木が生える。

草原ができることで、
土の厚みができ、
少しずつ大きな木が生える。

養分のとぼしい荒れ地でも
生えることができて、
明るいところを好むマツなどの
木が生える。

もし、木が生えて
成長できるだけの
温度と水があるなら、
草より大きくなることが
できる木がしだいに
ふえていって、
草原もやがて森になる。

森が
生まれた!

もし、人間が影響をあたえなかったとしたら、
森はどのように生まれ、育ち、変化していくのだろう?
何も生えていない土地にタネが落ち、
どのように変化していくのかみてみよう!

極相
気候などの環境が変わらなければ、
これ以上の大きな変化が起きない
「極相」という
安定した森の状態になる。
気候帯によって、トドマツの森、ブナの森、
シイ・カシの森などそれぞれの森ができる。
ひかげでも育つことができる木が
しだいに大きくなり、
うっそうとした森に変わっていく。

かんがえるヒント

新しくできた島に木が生えるまで

それまで海だったところに海底火山の噴火などで島が生まれることがある。アイスランドのスルツェイ島や日本の小笠原諸島の西之島などだ。スルツェイ島は、1963年に海底火山の噴火で生まれ、翌年には菌類やバクテリア、植物のタネがみつかった。65年にみつかった植物は10年後に10種にふえ、2004年には60種にまでふえている。低木が生えたのは1998年のこととされるので、何もない土地に木が生えるには、35年の時間が必要だったことになる。1973年に生まれ、いまもなお、とぎれとぎれに噴火活動がつづく日本の西之島では、海鳥や数種の低木をふくむ植物が確認されている。

森をのぞいてみよう!

森をタテに切ってのぞいてみたとしたら、どんなつくりになっているだろう?
森じゃない場所から、森がはじまる場所のことを「林縁」という。
森の縁、森の端っこという意味だ。

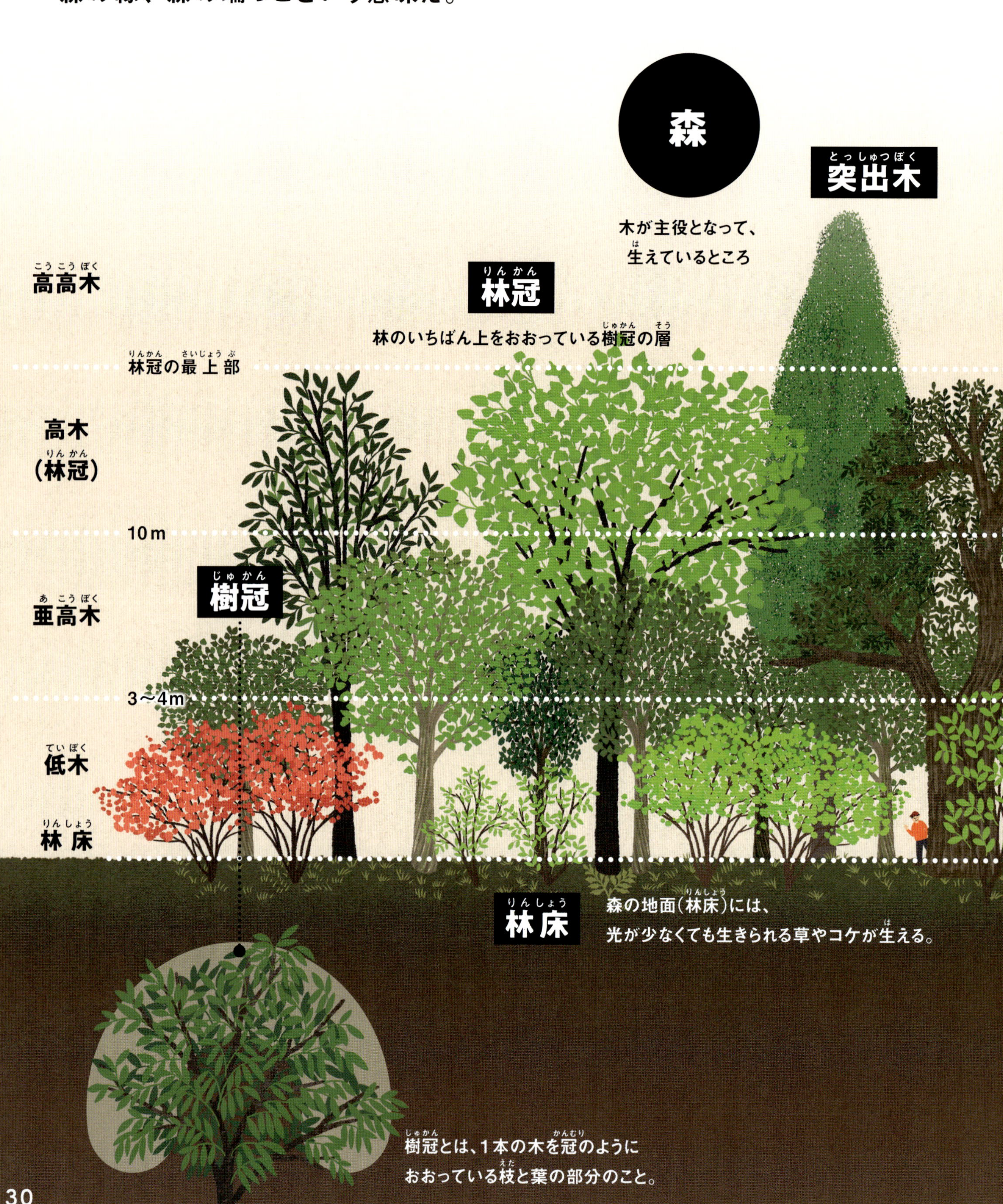

森
木が主役となって、
生えているところ
突出木
林冠
林のいちばん上をおおっている樹冠の層
高高木
林冠の最上部
高木
(林冠)
10m
亜高木
樹冠
3~4m
低木
林床
林床
森の地面(林床)には、
光が少なくても生きられる草やコケが生える。
樹冠とは、1本の木を冠のように
おおっている枝と葉の部分のこと。

林縁は、自然の森では川や湖などと接していたり、
岩場や草原、湿地などと接していたりする。
水辺には、水が好きなヤナギやハンノキなどの木が生えている。
草原や道路などに接した林縁には、
低木やツル植物におおわれた場所があって、
しだいに大きな木の生える森へとうつっていく。
森の縁は、マント群落とソデ群落でおおわれている。

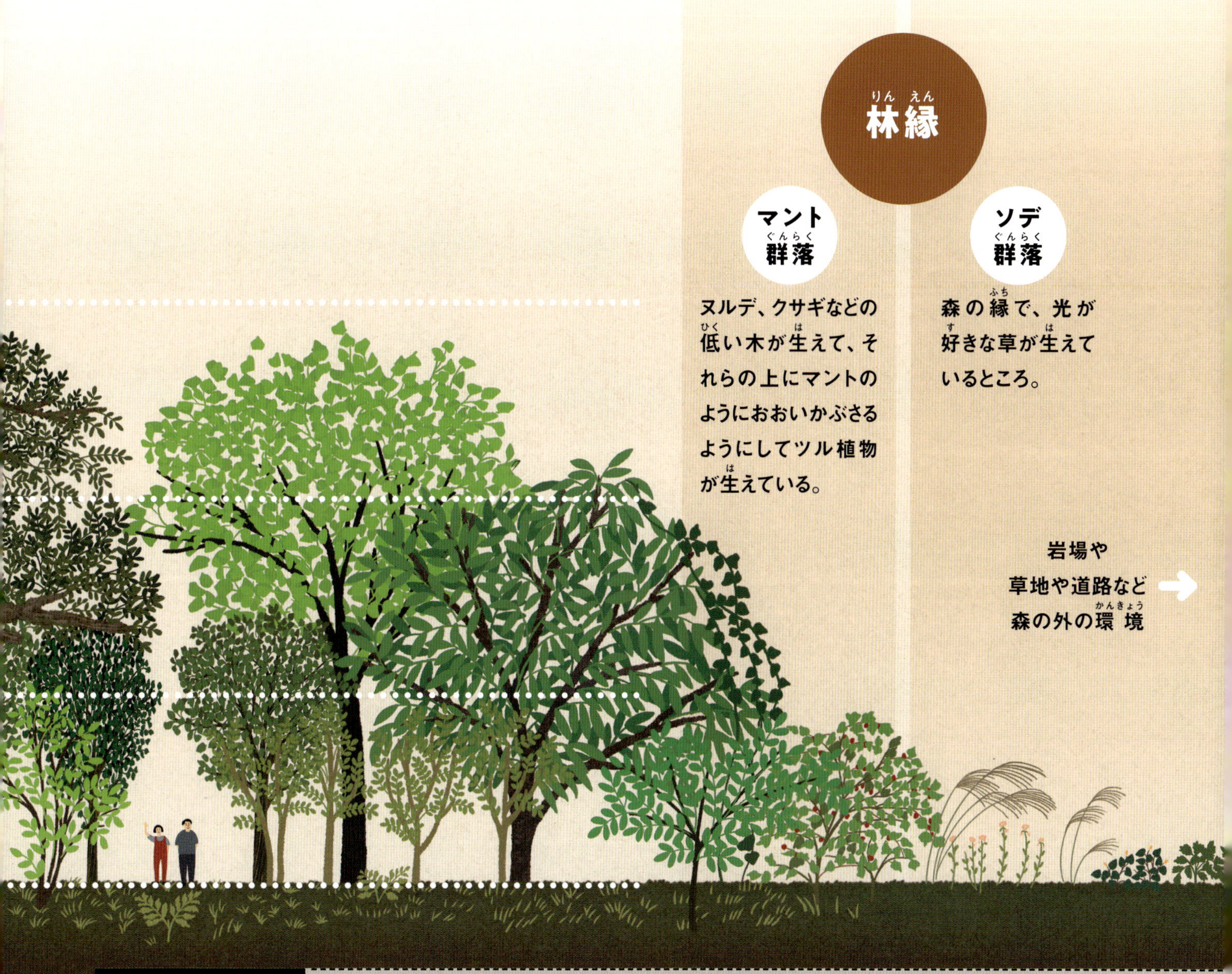

林縁
マント群落
ソデ群落
ヌルデ、クサギなどの低い木が生えて、それらの上にマントのようにおおいかぶさるようにしてツル植物が生えている。
森の縁で、光が好きな草が生えているところ。
岩場や草地や道路など森の外の環境

かんがえるヒント

マントやソデで森を守っている?

水辺でも、あるいは道路などでも林縁にはカナムグラやクズなどのツル植物がマントのようにおおったり、草がソデのようにつづいているところがある。これらをマント群落やソデ群落という。群落とは植物のひとまとまりの集団のこと。林縁の環境が好きで生えているだけだが、それらの群落があることで強い風が森の中に入りにくく、乾燥がおさえられるなど、林内の環境の変化をやわらげる働きをしているともかんがえられる。

森にあいた穴と世代交代

ひこばえ

幹が折れた株から
ひこばえがのびる。

地面や倒木の上に
落ちたタネが芽生える。

芽生えても、多くは枯れてしまう。
若木は、大木のかげで、
ねばり強くがまんして育つ。

カエデのように
1年に数ミリしか
成長しない木もある!

極相の森でも、森はゆっくりと変化をつづけている。
木々は毎年確実に大きく育っている。
森の中では、ゆっくりとだけれど、
木々たちの生死のドラマが起きている。
なかでも大きな変化が世代交代だ。
暴風や落雷などで、
老木や病気の木が倒れると、
森の一部に穴があく。
その穴から光が
森の中に射しこむと、
穴の光をめざして
若木たちが枝を
のばしはじめる。
こうして新しい木が
森の特等席につく。

これは

森の穴

強風や雷などで、大木が倒れると、
林冠に穴があく。
この穴を「林冠ギャップ」という。
長いこと、このときを待っていた
若木がぐんぐん枝をのばす!

ギャップからの光を受けると
芽をだして、いきおいよく
枝をのばして成長する木もある!

森にくらす生きものたち

森は、木たちがつくりだす環境だけれど、
その環境は木たちだけのものではない。
森が生まれることで、たくさんの生きものたちがやってくる。
エサをもとめ、くらしの場をもとめて。
森にどんな生きものたちがいるか、少しだけのぞいてみよう。

かんがえるヒント

「食べる食べられる」でつながるいのち

生きものたちの関係は、「食べる食べられる」食物連鎖というつながりでできている。草を食べる毛虫、毛虫を食べるカエル、カエルを食べるヘビ、ヘビを食べる鳥、鳥を食べるほ乳類といったように。それらのつながりが網の目のようにできているので「食物連鎖網」ともいう。太陽の光と水と二酸化炭素から、からだをつくり生きるためのエネルギーと材料を生みだす植物が、この食物連鎖のスタート地点だ。

死んで生まれ変わる森のめぐり

動物の死がい

ミミズやヤスデ、トビムシ、
シデムシ、センチュウなど
土壌動物が食べてフンをする。

倒木

土壌動物

菌根菌から生えたきのこ

菌根菌

きのこの仲間の菌根菌が
木の根に共生していて、
遠い場所の養分を木にあたえ、
木は菌根菌に光合成でつくった
糖をあたえる。

動物の死がいも
土壌動物に食べられたり、
微生物に分解されて、
さいごは森の木の養分になる。

菌根菌は、木の根に入りこみながら、
べつの木の根ともつながって、
森の土の中でネットワークをつくっている。

森にくらす生きものは、目にみえるものばかりじゃない。
くさって倒れた木々、たくさんの枯れ葉や枯れ枝、
動物たちのフンや死がい、それらは、どこへいくのだろうか？
枯れ葉の下の世界、そして、土の中をのぞいてみよう。

落ち葉

きのこやカビ

木や落ち葉を分解する

木の根

養分を吸収

細菌

放線菌をはじめとする、いろいろな
細菌(バクテリア)がフンや死がいを分解して、
チッソなどを大気に返したり、
植物の養分になる物質にしたりする。

かんがえるヒント

ふたたび植物にバトンタッチする微生物の役割

植物が太陽のエネルギーを使って生みだした葉や果実を動物が食べることで、生きものの世界はできているけれど、植物も動物もいつかは死んでまた土にかえる。生きもののフンや死がいを養分にかえす役割をしているのがきのこやカビなどの菌類や細菌(バクテリア)だ。微生物が分解してできた土の中の養分は、ふたたび植物の根からすいあげられて、生きもののからだとなっていく。

森がたくわえている水

水の大循環
雲ができる
太陽のエネルギーが
海水を蒸発させる

森に雨がふっている。森にふった雨は、木々をうるおし、
森の生きものたちのめぐみとなる。森は雨を貯め、湿度を保つ。
どうじに大地にしみこんで地下水となり、
谷を流れて川へと流れこみ、陸のあらゆる場所をうるおしていく。
さまざまな生きもののからだを通り、
さまざまな環境をたどった水は、やがて母なる海へともどる。
そして、ふたたび大気へと蒸発し、雲となり、雨となって森をうるおす。

雨や雪になってふる
地面にしみこむ
川や湖に集まる
蒸散（じょうさん）
森が水をたくわえる
地面を流れる水
地面にしみこむ
地下水となって流れる
森の土が水をたくわえる

森は、海の生きものも育てる

海の養分で育った魚が
川をさかのぼる

森から流れでた水には、
森の生きものたちが育んだ養分がふくまれている。
この養分は、川の生きものを養い、やがて海に流れこむと、
海の植物たち海藻を育て、海の生きものたちも養う。

森の養分が
海を豊かにする

川の養分で、プランクトンや
海藻が育ち、それを食べる
魚が育つ。

森に養分がかえり、
木を育てる
養分の大循環

水や養分の流れを追いかけると、
森は森だけで生きているのではなく、
あらゆる生きものがつながりをもって
生きていることがわかる。

森は人とともに変わる

里山よりも奥の山は、人があまり入らず野生動物が生きる場として貴重な天然林だったが、第2次世界大戦のあと、人が植えて育てた人工林に変わった森も多い。

奥山

里山

里山は、むかしから集落の近くで利用されてきた森で、コナラやクヌギなどが生える雑木林（二次林）や竹林などがある。

薪をえたり、炭焼きをするために伐って育てた森を薪炭林という。

集落

水田

谷戸や盆地では木を伐り拓いて棚田や畑がつくられた。山の斜面で木を伐ったあと焼いて畑を開く焼畑も行なわれた。

大むかしに日本の島々をおおっていた天然の森は、
日本の島々に人間がくらし始め、森を利用してくる中で、
少しずつ変化してきた。天然のスギの森は、
かつては点々とあった森だけれど、人間が利用し植林することで、
いまでは国土のおよそ4分の1を占める人工林として
ヒノキなどとともにもっとも身近な森となっている。
照葉樹の森は、人間が利用する中で落葉広葉樹の雑木林や
スギ林、草原や田畑に変えられていった。
森は、人間の活動とともに、その姿を大きく変えていく。

里山

むかしは、カヤぶき屋根のカヤ（ススキなどイネ科の草）や山菜をとる場所が、集落みんなで使うカヤ場としてだいじにされた。

ひこばえ

シイタケを育てるほだ木にするためのクヌギなどの木は、伐るとひこばえが成長して新しい木に育つ。

人がくらしのために木を伐ることで雑木林が生まれ、人はそれをくり返し伐って利用してきた。

かんがえるヒント

里山、奥山ってなんだ？

里山は、集落や田畑のまわりにあって、人がくらしに利用してきた山のこと。雑木林や竹林、カヤ場などからなる。薪や炭を焼くための材やシイタケのほだ木をえたり、落ち葉を集めて堆肥にしたり、山菜やきのこ、タケノコなど森のめぐみをえたりする。奥山は集落から遠いところにあって、野生動物がくらす奥深い森のこと。人が利用することで森は変わるけれど、伐ってもまた森が生まれてくるような関係がだいじだろう。

森についてかんがえてみよう

もういちど、森についてかんがえてみよう。
きみにとって、森はどんな場所だろう?
きみがかんがえる森って、どんな森だろう?
この本を読む前に思いうかべた森と、いまかんがえる森はおなじ森かな?
もし、森とのつながりを少しでも身近に感じられるようになったなら、
この本を閉じて、近くの森にでかけてみよう。
もしかしたら、みなれた森もちがう顔でみえてくるかもしれない。

第2巻では、森のめぐみ、
森と人とのつながりについて、
みていくことにしよう！

あとがき

齋藤暖生

いまはスマホやパソコンで、宇宙からの地球の姿をかんたんに見ることができる。見たことのない人もぜひ、見てみてほしい。そして、日本列島を見てみよう。全体が緑色であることに気づくはずだ。それだけ日本には森が多いのだ。だから、きみたちにとって森は「ご近所さん」なのだ。

教室を想像してみよう。席が近い子も遠い子も、ひとつの教室の中にいるのだから、きみにとってご近所さんだ。きっときみは、近くの子と話したり、いっしょに遊んだりすることで、どの子がどんな子なのか、なんとなく知っているはずだ。だからこそ、中には気が合ってすごく仲良くなった子もいるだろう。反対に、苦手だから少し避けている子もいるかもしれない。そう、相手を知らないことには、仲良くもなれないし、イヤなことを避けられないのだ。

人と同じように森にも、都合のいいこと、わるいことがある。ご近所さんなので、知らないことにはうまくつきあえない。だから、日本にくらすきみには、森のことを知ってほしい。この本では、森とはどんなところか見てきたけれど、どうだったろう?　なんかいっぱいあってよくわかんない、と感じたかもしれない。教室のほかの子のこともだんだん少しずつわかっていくように、森のことも少しずつわかっていけばよい。専門家にとっても、森はまだわかっていないことだらけなのだから。なんかおもしろい、なんで? というきょうみや疑問を、きみには大切にしてほしい。それが、相手を知るいちばんの近道だからだ。

編・監修　齋藤暖生（さいとう・はるお）

東京大学大学院農学生命科学研究科附属演習林樹芸研究所長。1978年岩手県生まれ。京都大学農学部生産環境科学科、同大学院農学研究科森林科学専攻博士課程修了。農学博士。2006年 大学共同利用機関人間文化研究機構総合地球環境学研究所・プロジェクト研究員、2007年 東京大学秩父演習林、2008年 富士演習林(現・富士癒しの森研究所)、2020年 富士癒しの森研究所長をへて2023年より現職。共著に『自然アクセス』(日本評論社)、『森の経済学』(日本評論社)、『東大式　癒しの森のつくり方』(築地書館)、『森林と文化――森とともに生きる民俗知のゆくえ』(共立出版)、『人と生態系のダイナミクス2　森林の歴史と未来』(朝倉書店)など。

絵　中島陽子（なかじま・ようこ）

イラストレーター。1981年埼玉県生まれ。2006年 武蔵野美術大学造形学部油絵学科卒業。2004-2005年 École nationale supérieure des Beaux-Arts de Paris 協定留学。2011-2017年 MJイラストレーションズ修了。TIS会員。絵本に『イチからつくる　コーラ』(農文協)。https://www.yo-yo-yo.net

さくいん

写真撮影
神戸圭子　P.7：森／バナナの断面／ヒノキの断面　P.19：エゾマツ、ミズナラ、スダジイ　P.21：ミズナラ、トドマツ、カラマツ
P.23：ブナの木、葉、枝、ドングリ、ミズナラのドングリ、コナラのドングリ　P.24～25：スダジイの木、イチイガシ、シラカシ、スダジイ、
マテバシイの葉とドングリ（『まるごと発見！ 校庭の木・野山の木　ブナの絵本』『同　ドングリ（コナラ）の絵本』（農文協刊）より）
P.26～27：マングローブ林、オヒルギの花、やんばるの森、木生シダの幹　P.32～33：カエデ、森の穴　P.34～35：森　P.44～45：きのことコケ

写真提供
P.6：草原　P.20：北海道の針広混交林　P.24：常緑広葉樹の森　P.25：宮崎県の照葉樹の森の中／齋藤暖生（東京大学）
P.21：カラマツの森／みやこうせい（作家）
P.21：針広混交林の林の中／梶幹男（東京大学）
P.22：東北のブナ林（山形県小国町）3点／大久保達弘（東北農林専門職大学/宇都宮大学）

P.4～5：雪の森／j-wildman　P.8：竹林／rai　P.9：高山の低木／beekeepx　高木林／Ilvllagic
P.10～11：北方林／Marcus Lindstrom　温帯林／oli fischli　マングローブ林／TokioMarineLife　サバンナの森／philou1000　熱帯林／FG Trade
P.16：針葉樹を植えた人工林／matikado　P.17：アマゾンの熱帯雨林／Soft_Light　P.19：ハイマツ／beekeepx
P.42～43：里山と集落／kuppa_rock　＝以上、iStock
P.8：海藻の森／Ethan Daniels　＝以上、Shutterstock
P.4：新緑の森／kpl-photo　黄葉の森／まちゃー　P.19：シラビソ／anne　P.27：イリオモテヤマネコ／mae shin　ノグチゲラ／たくみみ　ヤンバルテナガコガネ／
OZRDK　＝以上、PIXTA

図版作図 出典と参考
P.12～13：Global Forest Resources Assessment 2020 Main report / FAOを参照して作図
P.18～19：『日本植生便覧　改訂新版』（宮脇昭ほか編　至文堂）、『日本樹木誌1』（日本林業調査会）、
環境省生物多様性センター「自然環境保全基礎調査」ほかを参照して作図
P.23：『日本樹木誌1』（日本林業調査会）、「北海道におけるブナの潜在生育域と分布 北限個体群の実態」（田中信行ほか　森林立地）、
『北限のブナ林』（北海道林務部編　北海道林業改良普及協会）を参照して作図
P.25：『日本樹木誌1』（日本林業調査会）を参照して作図

参考資料

『植物のたどってきた道』（西田治文　NHK出版）、『日本林業史』（鳥羽正雄　雄山閣）
『まるごと発見！ 校庭の木・野山の木　ブナの絵本』『同　ドングリ（コナラ）の絵本』（大久保達弘編　農文協）
「西之島の保全に係る経緯と今後の対応について」小笠原世界遺産センター
『季刊 森林総研』45号特集「森を広く長くみる」、同64号特集「世界遺産の森で共に生きる」（森林総合研究所）
『人と生態系のダイナミクス2　森林の歴史と未来』（鈴木牧・齋藤暖生ほか　朝倉書店）、『森の経済学』（三俣学・齋藤暖生　日本評論社）

きみとかんがえる森 1

森って、どんなところ？

発行　2024年12月31日　第1刷発行

編・監修　齋藤暖生
絵　中島陽子

企画編集　栗山淳編集室
装丁・デザイン　大串幸子

発行者　小松崎敬子
発行所　株式会社 岩崎書店
〒112-0014
東京都文京区関口2-3-3　7階
電話　03（6626）5080（営業）
03（6626）5082（編集）

印刷所　三美印刷 株式会社
製本所　大村製本 株式会社

Published by IWASAKI Publishing Co.,Ltd.
Printed in Japan
ISBN978-4-265-09211-6　NDC650
48頁　30×22cm